DISTILLERIES DES DEUX-SÈVRES

CHARBONNEAUX-LELARGE

— MELLE —

ERREURS

Constatées dans les Analyses d'Eaux-de-Vie

(Documents résultant de Procès-Verbaux de constat par Huissier)

✦ ✦ ✦ ✦

ÉTUDES SUR L'ÉVAPORATION DES ÉTHERS

✦ ✦ ✦ ✦

Erreurs dans les Analyses ✦ ✦ ✦ ✦

✦ ✦ ✦ ✦ ✦ des Alcools Supérieurs

✦ ✦ ✦ ✦

LA COMPOSITION DES EAUX-DE-VIE

ET L'APPRÉCIATION DES CHIMISTES

✦ ✦ ✦ ✦ ✦ ✦

Distilleries des Deux-Sèvres

CHARBONNEAUX-LELARGE

MELLE

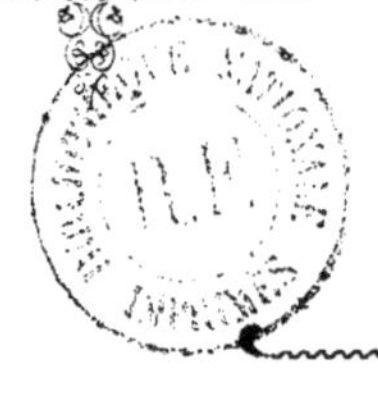

ERREURS

constatées

dans les Analyses d'Eaux-de-Vie

Documents résultant de Procès-verbaux
de constat par huissier, enregistrés

Causes de l'expérience tentée.

Tous les négociants, qui ont eu à se rendre compte de la concordance des analyses d'une même eau-de-vie par plusieurs chimistes, ont constaté des différences tellement fortes, qu'elles sont invraisemblables.

Cette question est *de la plus haute importance* au moment où *le règlement d'administration de la loi sur les fraudes est en discussion.*

Il s'agit de savoir si, pour des différences de quelques unités, on peut intenter des procès qui auraient les plus graves conséquences.

Dans cet esprit, et dans l'intérêt général, nous avons fait une expérience, en prenant les précautions qui rendent les résultats indiscutables.

Précautions prises.

Nous avons donc envoyé un échantillon d'une *même* eau-de-vie, parfaitement homogène, à quatre chimistes. Nous donnons ci-après copie du procès-verbal de constat par huissier, enregistré, qui indique toutes les mesures méticuleuses qui ont été prises, pour que les résultats soient absolument comparables.

Nous avons adressé ces échantillons à quatre chimistes jouissant de la plus juste notoriété, sans aucun esprit de critique. Nous avons voulu seulement démontrer la fragilité des résultats d'analyse, et poser la question de savoir quelles sanctions pouvaient être appliquées à de pareils résultats.

Désignation des laboratoires.

Ces quatre analyses ont été faites :

1° Par M. Girard, directeur du Laboratoire municipal de Paris.

2° Par M. Xavier Roques, expert près les Tribunaux, ancien collaborateur de M. Girard, et membre de la Commission chargée du règlement d'administration publique de la loi sur les fraudes.

Ces messieurs, par leur haute compétence, affirmée par leurs travaux, leurs publications spéciales, étaient tout désignés pour fournir les résultats comportant le maximum de certitude.

3° Par M. le docteur de Blarez, le très savant et très honorable professeur de chimie à la Faculté de médecine de Bordeaux, ayant fait sur les analyses d'eaux-de-vie des recherches personnelles et publié des travaux qui font autorité ; chimiste-expert près les Tribunaux, chimiste de la ville de Bordeaux, chimiste-expert du Syndicat des vins et spiritueux de la Gironde : on ne saurait trouver, en dehors de Paris, plus de science unie à plus de conscience et d'habileté professionnelle.

4° Par M. Baudoin, pharmacien à Cognac, directeur d'un laboratoire public et municipal, un de ceux où se fait le plus grand nombre d'analyses d'eaux-de-vie. Si M. Baudoin n'a pas tous les titres scientifiques des chimistes sus-nommés, il a pour lui, ce qui est beaucoup, une très grande pratique de ces analyses spéciales, qu'il fait journellement ; sa grande compétence ne peut donc être discutée.

Notre but.

Ceci étant dit pour expliquer que nous avons recherché de hautes capacités scientifiques, donnant de la valeur aux résultats ; une question de personnes ne saurait se poser en cette circonstance. Il n'y a dans ce qui suit, que des chiffres, dont nous faisons ressortir avec impartialité le désaccord, sans dire où est la vérité.

Procès-verbal de constat.

Ceci posé, voici le procès-verbal de constat :

« L'an mil neuf cent six, le sept février, à la requête de M. Charbonneaux-Lelarge, distillateur, demeurant à Melle,

» J'ai, André Fouché, huissier près les Tribunaux,

» Séant à Melle, y demeurant, soussigné,

» Me suis exprès transporté à la Distillerie de Melle, à l'effet de suivre et constater les opérations de l'emplissage de cinq bouteilles eau-de-vie, dont quatre destinées à l'analyse de différents chimistes.

» Et en effet, en présence de M. Gardrat, Directeur, et de plusieurs autres personnes de la Distillerie, entre autres MM. Chapuis et Allain, j'ai vu une bonbonne contenant une eau-de-vie numéro 7, bonbonne qui a été secouée violemment devant moi à plusieurs reprises, de sorte que la composition était certainement homogène, j'ai vu rincer cinq bouteilles de soixante-quinze centilitres, qui après cette opération, étaient d'une propreté méticuleuse et indiscutable, j'ai vu remplir devant moi ces cinq bouteilles, d'un liquide provenant de la bonbonne sus-visée, ces bouteilles ont été bouchées en ma présence avec des bouchons neufs, ces bouteilles ont été cachetées par moi avec mon cachet portant les initiales « A F ».

» Sur chacune de ces bouteilles j'ai vu coller une étiquette, sur laquelle ont été inscrites les marques suivantes « Eau-de-vie P numéro 7 ».

» J'ai vu à ladite Distillerie créer une soumission à l'adresse de M. Paillé, chef de culture à la susdite Distillerie, qui, en ma présence, a mis quatre de ces bouteilles, chacune dans une caisse, que j'ai fermée et cachetée avec mon cachet aux initiales « A F ».

» Sur une de ces caisses, j'ai vu apposer l'adresse de M. Xavier Rocques, 2, place Armand Carrel, à Paris. Le numéro du récépissé de chemin de fer pour cette caisse est le numéro « 4187 » et le numéro de la pièce de régie de cette expédition est le numéro « 5 ».

» Sur une seconde caisse, j'ai vu mettre l'adresse suivante : M. de Blarez, professeur à l'École de médecine et de pharmacie, en son laboratoire à Bordeaux ; le numéro du récépissé de chemin de fer pour cette caisse est le numéro « 4185 » et celui de la pièce de régie, le numéro « 3 ».

» Sur la troisième caisse, j'ai vu apposer l'adresse de M. Baudouin, pharmacien à Cognac ; le numéro du récépissé de chemin de fer est le numéro « 4186 » et celui de la pièce de régie, le numéro « 1 ».

» Sur la quatrième caisse, j'ai vu mettre l'adresse suivante : M. Girard, directeur du laboratoire municipal de Paris ; le numéro du récépissé de chemin de fer est le numéro « 4184 » et celui de la pièce de régie accompagnant l'expédition, est le numéro « 2 ».

» La cinquième bouteille reste à la Distillerie de Melle.

» Les quatre expéditions précitées ont été faites au nom de M. Paillé, chef de culture à la Distillerie de Melle, afin que la provenance de ces bouteilles ne soit pas connue des chimistes à qui elles sont adressées.

» Ayant suivi, ainsi que je viens de l'expliquer, les opérations de l'emplissage des bouteilles, je puis affirmer de la façon la plus formelle, que chacun des chimistes sus-nommés a bien reçu un échantillon parfaitement homogène du même liquide, que par conséquent, ce produit devra donner des résultats absolument identiques, à l'analyse des divers dosages que M. Paillé demande personnellement à ces chimistes.

» Et des constatations qui précèdent, j'ai rédigé le présent procès-verbal pour servir et valoir ce que de droit.

» Coût : Dix-sept francs quatre-vingt-quinze centimes.

» Signature : A. Fouché ».

Enregistré à Melle le dix février mil neuf cent six, folio 13, case 32. — Reçu deux francs cinquante centimes, décimes compris.

Signature : De Berranger.

Résultats des analyses.

Comme le dit le procès-verbal de constat, les résultats des analyses devraient être identiques : nous avons reçu les bulletins d'analyses et nous transcrivons textuellement, sans indiquer le nom des chimistes auxquels s'appliquent ces bulletins d'analyses. Nous désignons chaque chimiste par un numéro, dans le but d'éviter de faire intervenir toute question personnelle :

Analyses de l'Eau-de-Vie P n° 7

	BULLETIN du chimiste n° 10	BULLETIN du chimiste n° 11	BULLETIN du chimiste n° 12	BULLETIN du chimiste n° 13
Acidité.	42,85	28,8	26,4	30,9
Aldéhydes.	17,71	10,1	11,5	7,9
Furfurol..	1,51	2,9	3,3	2,»
Éthers.	128,13	132,»	154,»	168,9
Alcools supérieurs.	142,85	142,»	208,»	177,»
Coefficients.	333,05	315,8	403,2	386,7

Comparaison des résultats.

Afin de mettre en évidence les différences, nous avons
fait un second tableau. Dans la première colonne se trouvent
les résultats les plus élevés pris dans ces analyses d'une
même eau-de-vie ; dans la seconde colonne, les résultats les
moins élevés ; dans la troisième, les différences de dosage
résultant des deux colonnes précédentes (ces différences
devraient être nulles). Afin d'apprécier plus exactement
l'importance de ces différences, nous avons recherché combien
elles représentaient pour 100 de chaque matière dosée, en les
comparant aux chiffres de la seconde colonne, c'est-à-dire aux
résultats les moins élevés. En consultant le tableau, on voit
que ces différences varient de 31,8 pour 100 à 124 pour 100.

	Maximum	Minimum	Différences	Tant pour cent de différence par rapport au minimum
Acidité.	42,85	26,40	16,45	62,3 °/₀
Aldéhydes.	17,71	7,90	9,81	124,2 °/₀
Furfurol.	3,30	1,51	1,79	118,5 °/₀
Éthers.	168,90	128,13	40,77	31,8 °/₀
Alcools supérieurs.	208,»»	142,»»	66,»»	46,4 °/₀
	440,76	305,94	134,82	44,07 pᵉ cent.

Vérification des alcools supérieurs.

Un fait nous frappe : c'est que dans les analyses numéro 10 et numéro 11, le chiffre des alcools supérieurs est *identique* ; or, c'est ordinairement ce dosage qui donne lieu aux différences les plus marquées. Afin de voir s'il n'y avait pas un cas fortuit dans l'identité de ces résultats, nous avons envoyé à chacun des mêmes chimistes un échantillon d'une deuxième eau-de-vie marque « 4 D », différente de la première. En cas de différence dans ces nouveaux résultats, il était intéressant de voir si, sur un troisième échantillon, l'écart resterait proportionnel au précédent. Dans ce cas, cela proviendrait d'une manière d'opérer propre à chaque opérateur.

Ou bien il se pourrait que les résultats n'eussent aucun rapport entre eux, ce qui infirmerait l'exactitude des analyses.

À cet effet il fut envoyé à chacun des deux chimistes une eau-de-vie marque « 3 B ».

Nous avons fait venir un huissier, qui assista à toutes les opérations comme la première fois, et en dressa procès-verbal de constat, en présence de témoins, en date du 8 mars 1906, enregistré à Melle le 12 mars. Nous jugeons inutile de publier cette pièce, mais nous la tenons à la disposition de qui voudrait la consulter, ainsi que toutes les autres pièces mentionnées dans cette note.

Analyses de vérification.

Nous donnons ci-contre le résultat de ces deux analyses séparément, en faisant suivre chaque analyse d'un tableau des maxima et des minima des différences et du tant pour cent des différences par rapport au minima.

Il ressort surabondamment de ces chiffres que l'identité des résultats sur les alcools supérieurs était *fortuite.*

Analyse Eau-de-Vie 4 D

	BULLETIN du chimiste n° 10	BULLETIN du chimiste n° 11
	DEGRÉ	
	85°	85°25
Acidité............	45,88	50,40
Aldéhydes........	44,70	22,20
Furfurol.........	1,88	1,»»
Éthers..........	336,47	296,60
Alcools supérieurs...	86,27	74,»»
Coefficients.......	515,20	444,20

	Maximum	Minimum	Différences	Tant pour cent de différence par rapport au minimum
Acidité........	50,40	45,88	4,52	9,80 %
Aldéhydes.....	44,70	22,20	22,50	101,30 %
Furfurol......	1,88	1,»»	»,88	88,»» %
Éthers.......	336,47	296,60	39,87	13,40 %
Alcools supérieurs.	86,27	74,»»	12,27	16,60 %
	519,72	439,68	80,04	18,2 pr cent.

Analyse Eau-de-Vie 3 B

	BULLETIN du chimiste n° 1	BULLETIN du chimiste n° 2
	DEGRÉ	
	85°	84°5
Acidité.	61,76	67,2
Aldéhydes..	23,29	9,6
Furfurol..	1,28	0,5
Éthers..	212,42	151,4
Alcools supérieurs. . .	215,68	96,»
Coefficients.	514,43	324,7

	Maximum	Minimum	Différences	Tant pour cent de différence par rapport au minimum
Acidité.	67,2	61,76	5,44	8,8 %
Aldéhydes.	23,29	9,6	13,69	142,5 %
Furfurol.	1,28	»,5	».78	156,» %
Éthers.	212,42	151,4	61,02	40,3 %
Alcools supérieurs.	215,68	96,»	119,68	124,6 %
	519,87	319,26	200,61	62,8 pour cent.

Conclusions.

Nous avons dit que nous ne recherchions qu'une comparaison de chiffres, les tableaux parlent d'eux-mêmes et plus éloquemment que tout commentaire.

ÉTUDES SUR L'ÉVAPORATION DES ÉTHERS

Si nous avons posé cette question d'analyses en termes si précis, c'est que nous l'étudions nous-mêmes depuis long-temps. Nous avons reconnu plusieurs causes d'erreurs et y avons remédié.

Dans le cours de ces études, faites à notre laboratoire, nous avons déterminé différents points qui sont d'un intérêt général, et nous croyons être utiles au commerce en publiant un travail sur l'*Évaporation des éthers* des eaux-de-vie mises en contact avec l'air.

Faits apparents dans le coupage d'une eau-de-vie.

Toutes les personnes qui s'occupent d'eaux-de-vie ont re-marqué le dégagement d'odeur qui se produit quand on coupe des eaux-de-vie avec de l'eau ; l'odeur est d'autant plus intense que le degré s'abaisse jusque vers 30 degrés.

En dégustant à l'odorat l'eau-de-vie coupée, laissée dans un verre à déguster, on constate que l'odeur s'atténue de plus en plus. Dans les produits à fort terroir, ce terroir s'évanouit, et des eaux-de-vie extrêmement odorantes finissent par deve-nir presque neutres.

Quelle est la cause de la perte d'odeur ?

C'est là un fait connu de tous, mais qu'est-ce qui se passe dans ce coupage des eaux-de-vie et leur exposition à l'air ? Y a-t-il modification, oxydation, acétification des éléments, ou l'un et l'autre ?

Expériences pour déterminer ces causes par analyses.

Nous avons fait une série d'analyses résumées dans le ta-bleau ci-après. Nous avons expérimenté trois sortes d'esprits de vins naturels :

1° Le plus chargé d'éthers que nous ayions sous la main (794 grammes à l'hectolitre) ;

2° Un esprit de vin fortement chargé (255 grammes à l'hectolitre) ;

3° Un esprit assez peu chargé d'éthers (111 grammes).

On les a examinés, soit purs, soit coupés à 50 et 40 degrés. Pour les exposer à l'air, on a versé les liquides dans des séries de verres à déguster, forme tulipe, à ouverture étroite, 30 centimètres cubes dans chaque verre, comme pour la dégustation, mais sans remuer le liquide, sans secouer les verres. L'exposition à l'air dans le laboratoire a duré cinq minutes, un quart d'heure, une heure, quatre heures ; voici les résultats :

EXPÉRIENCES SUR LES ÉTHERS

Des Eaux-de-Vie dédoublées et exposées à l'air

Durée de l'exposition à l'air	Esprit tel quel à 89°5	Esprit réduit à 50°	Esprit réduit à 40°
Témoin......	794,45	778,72	749,22
5 minutes.....	»»»,»»	»»»,»»	709,89
15 minutes....	»»»,»»	678,43	673,41
1 heure......	631,24	619,88	552,58
4 heures......	556,51	448,36	338,23

Durée de l'exposition à l'air	Esprit tel quel à 83°5	Esprit réduit à 50°	Esprit réduit à 40°
Témoin......	255,04	255,04	246,62
15 minutes....	255,04	237,88	227,64
1 heure......	237,88	219,20	196,02
4 heures......	220,77	200,23	173,31

Durée de l'exposition à l'air	Esprit tel quel à 85°5	Esprit réduit à 50°	Esprit réduit à 40°
Témoin......	111,04	111,04	111,04
15 minutes....	111,04	111,04	109,09
1 heure......	105,87	88,51	84,39
4 heures......	90,57	63,81	53,52

Remarques qui découlent de l'examen du tableau.

Ces pertes d'éthers ont dépassé de beaucoup nos prévisions. Ils s'évaporent d'autant plus vite qu'ils sont en quantité plus importante et que le degré s'abaisse davantage. Cela était à prévoir, les éthers étant très solubles dans l'alcool et peu solubles dans l'eau. Plus on abaisse le degré, plus on diminue la solubilité de l'éther dans le liquide spiritueux. Cet éther a donc dans ce cas une plus grande tendance à se séparer de la masse et à s'évaporer.

Dans le premier cas, l'évaporation est tellement rapide que, pendant le temps nécessaire pour dédoubler le liquide au degré fixé et commencer le dosage, soit quelques minutes, il y a une perte importante. Le témoin à plein degré contient 794 d'éthers, à 50 degrés il n'en contient plus que 778, et à 40 degrés 749. On voit d'ailleurs qu'en 5 minutes d'exposition à 40 degrés, il part 40 grammes d'éthers à l'hectolitre.

Pour le deuxième cas l'évaporation est moins rapide. On a pu préparer le 1ᵉʳ témoin sans pertes, mais le 3ᵐᵉ témoin n'avait déjà plus le même dosage.

Dans le troisième cas, le 1ᵉʳ et le 2ᵉ témoin restent au même dosage, même l'échantillon à 50 degrés pendant un quart d'heure. En quatre heures d'exposition à 40 degrés, l'eau-de-vie a perdu plus de moitié des éthers.

Conclusions pratiques de ces expériences.

Ces résultats indiquent les soins qu'il faut prendre dans la manipulation des eaux-de-vie. Il est dangereux de les exposer à l'air dans les opérations de coupage, filtrage, dépotage, etc... Si dans certaines installations récentes, toutes les manipulations se font en vases clos, il n'en est pas ainsi dans des matériels de chais encore très nombreux. Cela peut rendre compte de différences qui paraissaient inexplicables.

Nous avons examiné un des cas extrêmes ; nous avons fait d'autres expériences en grand, faisant tomber l'eau-de-vie d'une pipe dans l'autre, par un robinet et d'une hauteur de 75 centimètres, soit librement, soit en faisant éclabousser la veine liquide sur une planche, recommençant plusieurs fois et dosant les pertes d'éthers.

De même nous avons exposé des eaux-de-vie dans des bacs découverts ayant un mètre cinquante centimètres de diamètre, sans aucun mouvement, nous avons noté partout des pertes importantes que nous ne détaillons pas pour ne pas allonger inutilement cette note.

Conclusions au point de vue chimique.

Ces résultats mettent en lumière des causes de pertes *dans les analyses.* En effet on recommande avec raison de couper les eaux-de-vie à 50 degrés avant de les distiller et de les analyser. Si les analyses ne sont pas faites promptement, si les liquides restent exposés à l'air, on voit quelles causes d'erreurs on rencontre. Ce chiffre d'éthers, tant qu'il ne s'agit pas d'eaux-de-vie en bouteilles ou en fûts clos, est un chiffre fragile, soumis à bien des variations : c'est ce qui ressort de la dernière partie de cette étude.

Valeur de nos analyses d'éthers.

On peut nous faire une objection et nous dire : Vous constatez de bien grosses différences dans les analyses des chimistes les plus réputés. Êtes-vous donc plus certains de vos résultats ? Si les chiffres cités ne représentent pas une valeur absolue, ils représentent du moins une valeur relative incontestable, *toutes les analyses ayant été faites exactement dans les mêmes conditions, et chaque résultat correspondant à plusieurs analyses concordantes,* car nous ne faisons jamais une analyse unique.

L'analyse des éthers repose sur une réaction précise et la constance dans nos dosages nous permet de publier avec confiance les résultats de nos travaux, exécutés à notre laboratoire, sous la surveillance très sérieuse de notre Directeur, M. Ricard.

Nous ne parlons pas des phénomènes d'oxydation, d'acétification que nous avons constatés, mais qui sont peu importants par rapport à ce qui précède.

OBSERVATIONS

montrant les causes des grandes différences
dans les analyses des alcools supérieurs

Il est des points encore mal établis : nous voulons parler de l'analyse des alcools supérieurs ; les points de comparaison manquent de fixité. On nous a indiqué comme dosage d'alcools supérieurs la mention *" traces "* dans les eaux-de-vie qui en contenaient une forte dose, constatée par d'autres chimistes. C'est une question que nous étudions, mais qui n'est pas encore au point.

Principe des analyses des alcools supérieurs.

La quantité globale d'alcools supérieurs contenus dans une eau-de-vie est appréciée à l'aide d'une liqueur type d'alcool isobutylique, qui sert de terme de comparaison.

Si donc on n'est pas sûr d'obtenir constamment une liqueur type toujours identique, on ne peut avoir aucune confiance dans les résultats de l'analyse.

Comparaison des liqueurs types titrées.

Nous avons voulu nous rendre compte de l'exactitude du titrage de ces liqueurs, et pour cela nous avons demandé des liqueurs titrées à deux maisons françaises et à une maison étrangère, les plus réputées, fournissant les laboratoires des Administrations publiques. Nous avons demandé le titrage ordinairement employé pour ces sortes d'analyses, soit 0 gr. 500 d'alcool isobutylique pur par litre d'alcool pur à 50°.

Nous avons comparé ces trois liqueurs entre elles, en dénommant chacun des fournisseurs par les lettres A, B, C, et en prenant comme témoin la liqueur type A, lui attribuant la valeur 100. Les deux autres ont donné les résultats suivants :

Tableau donnant la comparaison des trois liqueurs types titrées devant donner le même résultat

A étant pris pour 100 parties d'alcool isobutylique,

B	donne	30	d°	d°
C	donne	69,5	d°	d°

Comparaison des alcools isobutyliques purs.

Pour renouveler l'expérience sous une autre forme, nous avons demandé aux trois mêmes maisons de l'alcool isobutylique pur, de façon à faire nous-mêmes les liqueurs titrées : nous aurions dû retomber sur les mêmes résultats que précédemment. Prenant toujours le même terme de comparaison, c'est-à-dire la liqueur type titrée fournie par A, nous avons trouvé que les alcools isobutyliques purs donnaient les résultats suivants :

Tableau donnant la comparaison entre les alcools isobutyliques purs

Liqueur type de A étant prise pour 100

L'alcool isobutylique pur de A donne   64,75
     d°   B donne   93,36
     d°   C pas encore dosé.

La comparaison entre les deux tableaux précédents nous montre que le fournisseur A, qui nous avait adressé la liqueur titrée la plus pure, nous fournit l'alcool isobutylique pur à un moins grand degré de pureté que le fournisseur B.

Recherche de la pureté d'un alcool isobutylique présenté comme pur.

Reconnaissant que ces produits ne sont pas à l'état de pureté, nous avons fait une distillation fractionnée de l'alcool isobutylique fourni par B, et au lieu d'observer une température constante d'ébullition, devant se tenir entre 106 et 107 degrés, nous avons constaté que l'ébullition commençait à 106 degrés pour se terminer à 109.

Si on compare à la liqueur type de A le premier, le cinquième et le dixième dixième, on obtient les résultats suivants :

Comparaison entre les fractionnements d'alcool isobutylique de B

La liqueur type de A étant prise pour 100 parties

Le premier 1/10 de l'alcool isobutylique de B donne   86   d°
Le cinquième 1/10   d°   96   d°
Le dixième 1/10   d°   91   d°

Il faut remarquer que l'ensemble de ces trois analyses

correspond à notre titrage de l'alcool isobutylique pur B du tableau précédent.

Cet alcool isobutylique, prétendu pur, ne l'est donc pas, puisqu'il se fractionne en des parties qui sont plus pures ou moins pures que l'échantillon moyen.

En présence des résultats incohérents ci-dessus, il ne faut donc pas s'étonner des différences excessives que l'on remarque dans le dosage des alcools supérieurs.

Nous continuons nos études sur ce sujet.

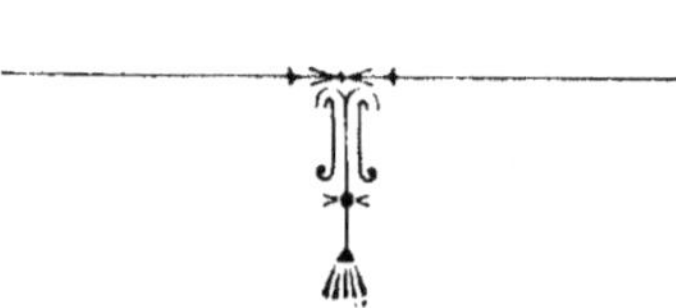

LA COMPOSITION DES EAUX-DE-VIE

ET L'APPRÉCIATION DES CHIMISTES

Pour les eaux-de-vie dont nous avons donné les analyses, les appréciations des chimistes étaient celles-ci :

EAU-DE-VIE P n° 7
- Analyse n° 10. — Composition équilibrée d'une eau-de-vie de vin.
- Analyse n° 11. — Composition d'une eau-de-vie pur vin.
- Analyse n° 12. — Caractères d'une eau-de-vie de vin de composition normale.
- Analyse n° 13. — Alcool de vin à goût d'alambic prononcé.

EAU-DE-VIE 4 D
- Analyse n° 10. — Le chimiste s'étonne de trouver si peu d'alcools supérieurs avec autant d'éthers.
- Analyse n° 11. — Composition d'une eau-de-vie de vin très riche en éthers.

EAU-DE-VIE 3 B
- Analyse n° 10. — Eau-de-vie de vin dont les éléments sont bien équilibrés.
- Analyse n° 11. — Composition d'une eau-de-vie pur vin.

Variations dans les éléments.

Il s'agissait bien d'eaux-de-vie naturelles. Pour l'une d'elles, un chimiste faisait des réserves, parce qu'elle ne rentrait pas dans le fameux coefficient. Nous avons des preuves multiples de différences énormes dans la composition d'eaux-de-vie naturelles. Nous avons analysé des eaux-de-vie naturelles ayant six fois autant d'éthers que d'alcools supérieurs. Dans le cas où la quantité de ces éthers n'aurait pas été déterminée avec une exactitude absolue, cette exactitude était au moins relative ; d'autres eaux-de-vie donnent dans les mêmes conditions d'analyses des quantités d'alcools supérieurs doubles des éthers. Cela n'est pas spécial à notre laboratoire, et des viticulteurs des plus sérieux et des plus honorables nous ont montré des analyses de leurs produits présentant les mêmes anomalies.

Opinion des chimistes.

Un propriétaire-viticulteur fit observer ce qui précède à l'un de nos plus grands chimistes qui répondit en chimiste et non en bouilleur-distillateur. Le bouilleur-distillateur se préoccupe de faire une eau-de-vie excellente, ayant une grande valeur, et ne vise pas dans son travail un résultat d'analyse. Le bouilleur-distillateur auquel nous faisons allusion, propriétaire dans un grand cru et de première compétence, nous a déclaré qu'il distille tous les vins avec leur lie, comme cela s'est toujours fait dans sa région ; il est exact qu'ailleurs on distille aussi des vins clairs. Il coupe, suivant la qualité, la tête et la queue, d'après la dégustation.

Le chimiste examine cette eau-de-vie, commence par dire que ce n'est pas de l'eau-de-vie de vin. Sur l'affirmation de l'honorable propriétaire, il dit alors que l'on distille d'une façon *anormale, qu'il faut se garder de distiller sur la lie, que l'on a coupé trop de tête, laissé trop de queue, etc.*

Valeur de la composition chimique.

Cette divergence d'opinion montre l'erreur. L'eau-de-vie n'est pas un produit chimique, c'est le bouquet qui en fait toute la valeur. Une eau-de-vie très commune, mais admirablement constituée d'après l'analyse se vendra couramment de 45 à 50 francs les 60 degrés, tandis que des eaux-de vie exquises de très grande valeur, seront contestées comme pureté ou déclarées anormales. Ce sont là des faits que l'on discute entre soi, mais sans en saisir suffisamment le public et surtout ceux qui se chargent d'imposer leur jugement, de très bonne foi sans doute, mais bien à tort.

Entre deux eaux-de-vie de composition chimique *identique, d'après les analyses dites commerciales*, l'une peut être de qualité nulle, de prix infime, l'autre d'un bouquet délicieux et d'un prix très élevé. Ou bien si l'une a des éléments de bouquet en quantité beaucoup plus considérable, il est fort possible que ce soit la mauvaise eau-de-vie ; cela est même probable. Que conclure ? C'est que l'eau-de-vie n'est pas un *produit chimique*, c'est une boisson dont *le prix s'apprécie uniquement par la dégustation*. Le goût et la composition varient d'une commune à l'autre, d'une année à l'autre, sans parler des différences de maturité du raisin, de distillation, etc.

Il n'y a donc pas lieu d'attribuer aux analyses et aux délimitations de territoire l'importance que quelques-uns voudraient y attacher. Quelle que soit la composition chimique et le lieu d'origine, si une eau-de-vie a de grandes qualités à la dégustation, elle sera très estimée, tandis que tous les certificats possibles n'ajouteront rien au bouquet d'une eau-de-vie défectueuse et dépréciée.

Conclusions.

Quoi qu'il en soit, et comme conclusion, les bouilleurs-distillateurs feront bien de continuer à distiller en vue d'obtenir une bonne eau-de-vie, plutôt qu'une bonne analyse. Ils continueront ainsi à maintenir le grand renom de leurs excellents produits, et les chimistes se laisseront convaincre.

Melle, le 8 avril 1906.

LE DIRECTEUR

DES DISTILLERIES DES DEUX-SÈVRES,

A. GARDRAT,

Ingénieur des Arts et Manufactures,

Ex-Chimiste de la Maison Cail et Co.

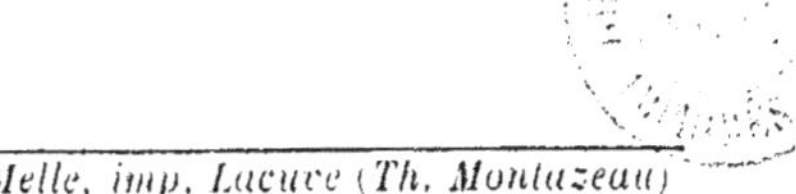

Melle, imp. Lacuve (Th. Montazeau)